桦木

糖枫

海岸松

猴面包树

花旗松

桉树

松果

银杏

桉树果

苹果树

大叶榕

无花果

油橄榄

橡子

美洲白橡

白蜡树

美洲榛

胡桃

山毛榉

柳树

杨树

七叶树

美洲冬青

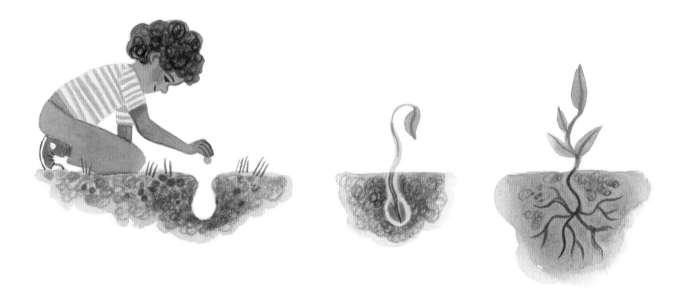

做一棵树

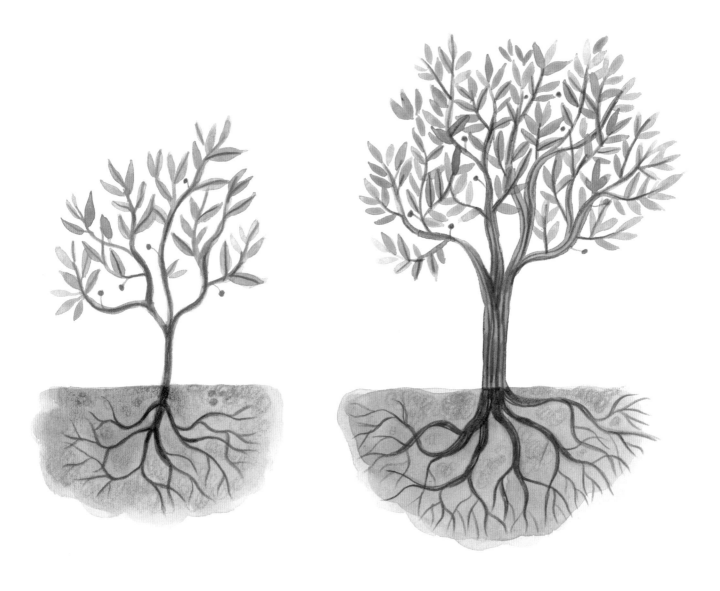

[美]玛丽亚·吉安费拉里 / 著　　[澳]费利西塔·萨拉 / 绘

杨涤、吴漾 / 译

深圳出版社

版权登记号 图字：19-2022-144 号

图书在版编目（CIP）数据

做一棵树 / （美）玛丽亚·吉安费拉里著 ；（澳）费
利西塔·萨拉绘；杨涤，吴漾译. -- 深圳 ：深圳出版
社，2023.8（2024.11重印）
　ISBN 978-7-5507-3600-9

Ⅰ. ①做… Ⅱ. ①玛… ②费… ③杨… ④吴… Ⅲ.
①自然科学－普及读物 Ⅳ. ① N49

中国版本图书馆 CIP 数据核字 (2022) 第 148227 号

做一棵树
ZUO YI KE SHU

出 品 人　聂雄前
责任编辑　张嘉嘉　陈少扬
责任技编　陈洁霞
责任校对　何廷俊
装帧设计　王 佳

出版发行　深圳出版社
地　　址　深圳市彩田南路海天综合大厦（518033）
网　　址　www. htph. com. cn
订购电话　0755-83460239（邮购、团购）
设计制作　米克凯伦（深圳）文化传媒有限公司
印　　刷　中华商务联合印刷（广东）有限公司
开　　本　889mm×1194mm　 1/16
印　　张　3.5
字　　数　44 千
版　　次　2023 年 8 月第 1 版
印　　次　2024 年 11 月第 2 次
定　　价　59.80 元

向所有的树木致敬！同时也要纪念格
雷西·金，一个热爱长颈鹿的人。

——玛丽亚·吉安费拉里

献给尼娜跟尼科洛，祝愿你们既能向
下深耕，又能朝天生长。

——爱你们的费利西塔·萨拉

做一棵树吧！

把你的枝丫伸向太阳，

站得高高的。

把你的树根扎进泥土，
蜿蜒伸展，
稳稳站立。

树干是你的脊梁，
　勾勒出身形，
　支撑起树冠，
　输送着养料。

树皮是你的肌肤，
外表枯槁，
却时时刻刻保护着内里。

树皮包裹着的边材，
一层又一层，
源源不断运送着养料，
让你长得更高、更壮；

心材坚硬如骨骼，
支撑起你的身躯。

髓心是你的心脏，
自你还是幼苗时，
为你供给无尽的养料。

树冠是你的头顶，
或浑圆如球，
或尖耸似塔，
或低垂多姿，
或开阔舒展。

生长吧，生长吧，
在空中闪闪发亮。
在酷暑中收集阳光，
滤去尘埃，
为根部撑起一片阴凉。

舞动树叶，
在微风中呼吸，
在阳光下啜饮，
它们哺育了你，
也养育了整个世界。

打量一下自己，
上面是枝丫和树叶，
下面是树根，
中间是树干——
好漂亮的一棵树！

再看看身旁——
你一点儿也不孤单，
好多好多树，
都是你的同伴。

树根和菌丝
交织缠绕，
将森林里所有的树
连在一起。

我们谈天论地，
　分享食物，
　储存水分，
　划分领地，
危机来临互相提醒。

好像是一个森林万维网。

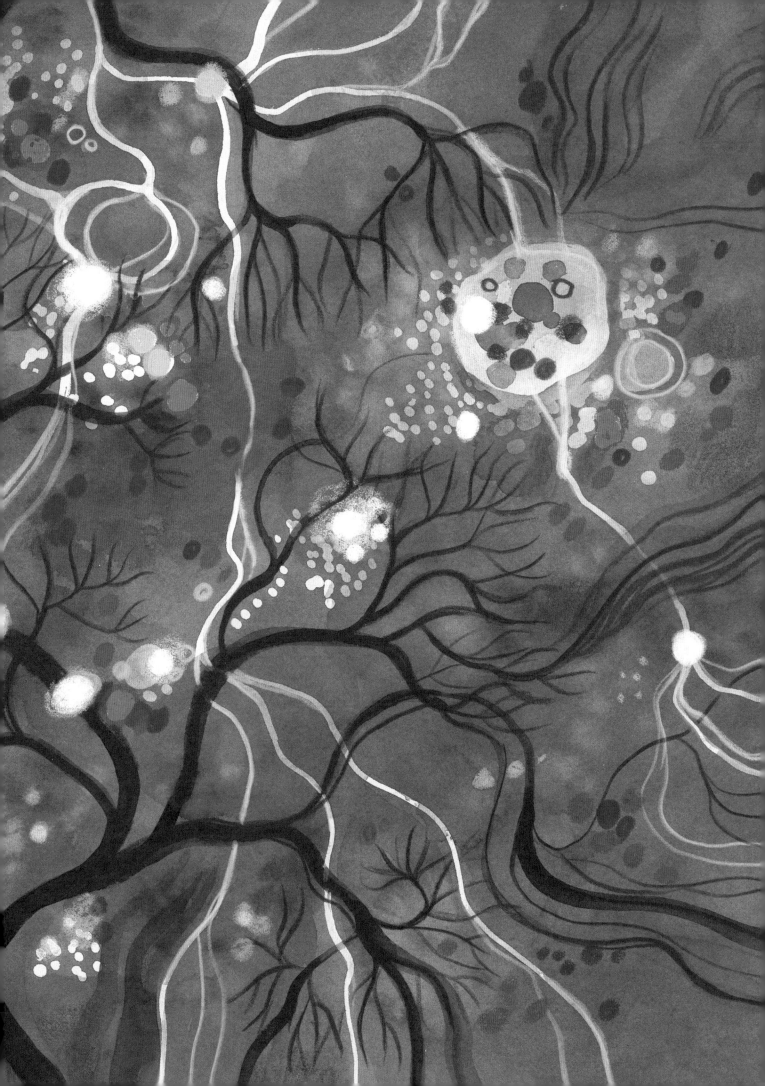

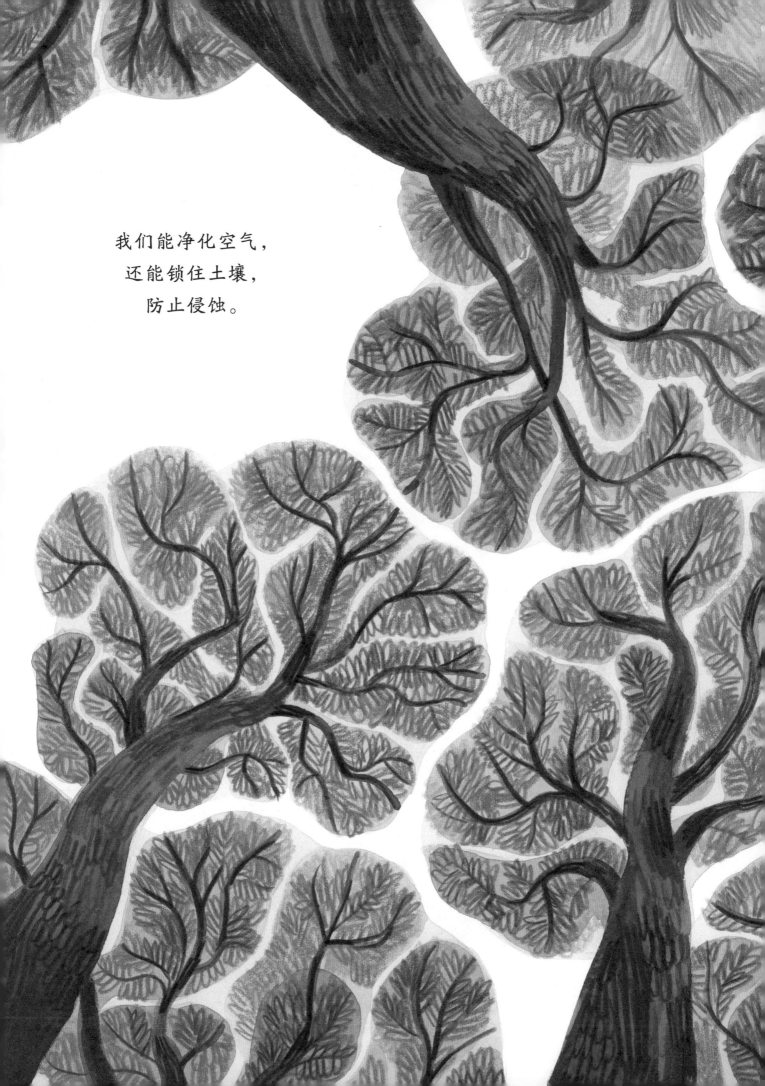

我们能净化空气，
还能锁住土壤，
防止侵蚀。

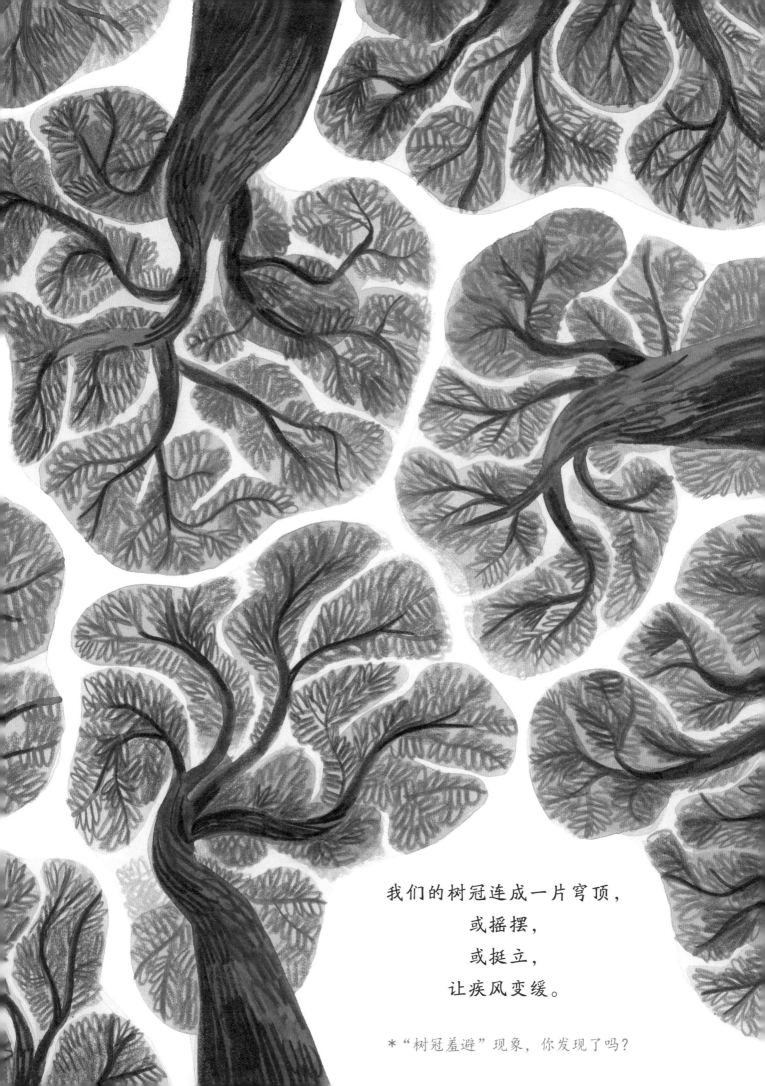

我们的树冠连成一片穹顶，
或摇摆，
或挺立，
让疾风变缓。

＊"树冠羞避"现象，你发现了吗？

我们的躯干、枝丫和树根，
是昆虫、鸟类和哺乳动物的家园。

我们支撑起整个生态系统。

但我们团结起来，
成为一片森林，
会变得更加强大。

那些外来的树木，
因为离开故土，
变得格外脆弱。

大树哺育小树，
老树庇护新树，
强壮的树照顾孱弱的树，
健康的树帮助生病的树。

一个家庭，一个社区，一个国家，乃至整个宇宙，

也不过如此。

所以，做一棵树吧。
让我们彼此相连，

连成一片大大的森林。

作者自述

当我还是个小女孩的时候，我就很喜欢爬树，对树充满了敬仰与热爱，在读了彼得·渥雷本写的《树的秘密生命》之后，这种感情就更加强烈了。原来森林里的树木之间可以进行沟通和交流。它们不仅满怀爱意地养育后代，还会像家人一样照料着年老体弱或病痛缠身的邻居伙伴，甚至可能会交换多余的糖，调节光合作用速率来共同成长。有一个这样的故事：一个被砍断了的树桩在周围树木帮其输送糖的情况下存活了好几百年。

树根借助特殊的真菌彼此缠绕，交流着关于昆虫、干旱以及其他危险的信息，就像一个"森林万维网"。树根与真菌是森林生态系统中的好伙伴，它们彼此输送养料，树根借助菌丝还可以互相交流信息。那些移植过来的树木，因为离开了原生的"森林万维网"，而变得非常脆弱，容易受到昆虫、干旱等的威胁。

树木还可以维护局部小气候和生态系统。它们为各种生物提供食物与家园，没有比酷暑中的树荫更舒服的地方了。我们惊叹于树木的俊美、古老与优雅，因而要竭尽全力地去保护它们，借助树木自身的社会系统去了解它们。如果我们人类也能像树木在群体中生活那样，彼此保护、分享资源，世界将变得更加美好！

挽救树木的五种方法

1. 重复利用各种纸制品，能不用就不用：

   ·用棉质毛巾、餐巾、手帕代替纸巾；

   ·如果可能，选择再生纸产品；

   ·自带餐盒，少用纸袋或者塑料餐盒；

   ·选择布织购物袋，而不是纸袋或者塑料袋。

2. 种下一棵小树苗，让它在你的社区慢慢长大。

3. 进行一次社区清洁行动。

4. 组织一次募捐或者义卖活动，将所得款项捐赠给环保组织。

5. 参与植树节活动。

做一棵树：如何做有益于社区的事

1. 和朋友去看望附近养老院的老人们。

2. 帮助学校里有特殊需要的孩子，和他们成为伙伴。

3. 为无家可归的居民提供护理包，包括尿不湿、梳子、牙刷、洗发水、剃须刀、书籍等。

4. 去当地动物收容所做志愿者，照顾流浪狗、流浪猫等。

5. 向当地动物收容所提供食品、药物、玩具、毛巾等物资。

6. 给服兵役的军人寄送祝福的卡片。

7. 为你钟爱的慈善机构或组织募捐。

8. 在花园、社区或是家里的阳台上种各种花去吸引小鸟、蜜蜂和蝴蝶。

你还能想到哪些方法呢？

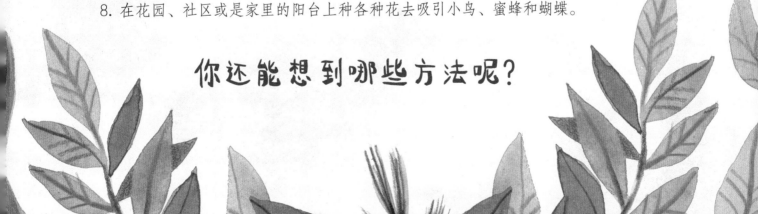

树的解剖图

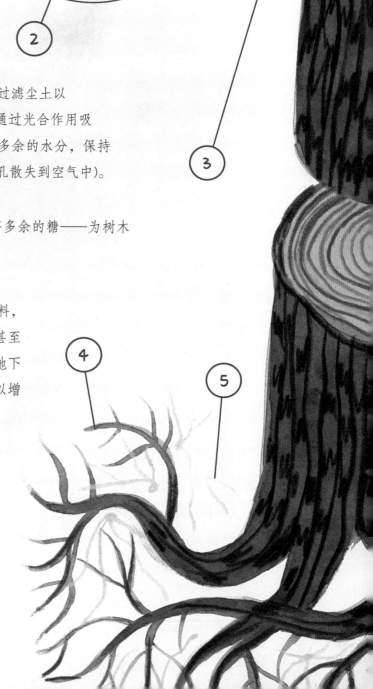

① **树叶:** 包含叶绿素,它让树叶呈现出绿色。通过光合作用,树叶从阳光中获取能量,以吸收空气中的二氧化碳和土壤中的水分,将其转化为糖与氧气。糖是树木的主要食物,多余的糖可储存在树根、树干与树枝中。氧气则释放到空气中,可以被人类和其他生物呼吸利用。

② **树冠:** 由树木顶部的树枝和树叶组成,呈现出不同的大小与形状。它们可以提供阴凉;过滤尘土以及空气中的其他污染物,比如孢子、花粉、雾霾等;通过光合作用吸收来自太阳的能量;让树木通过"流汗"来释放体内多余的水分,保持凉爽,这个过程就是蒸腾作用(水分通过树叶表面的气孔散失到空气中)。

③ **树枝:** 支撑着树叶,输送水分与养料,储存多余的糖——为树木提供能量。

④ **树根:** 让树木扎根,从土壤中吸收水分与养料,储存糖。有些树根是水平横向生长的,宽度甚至可媲美树木的高度。还有一些树木有直根,是垂直向地下生长的。每棵树木的树根都有如毛发般的树须,这可以增强它们从土壤中吸收水分与矿物质的能力。

⑤ **真菌:** 与树根紧紧相连,互相交换主要营养物质——树木为真菌提供富含碳的糖,真菌为树木提供土壤中的矿物质。真菌甚至能帮助树木吸收更多的营养物质。有些真菌的菌丝可以成为连通不同树根的通道,树木借此交流信息。

6 树皮：一棵树的铠甲，保护它免受恶劣天气、昆虫和其他动物的威胁，有些树木的树皮还可以防火。

7 外（树）皮：由一些死掉的细胞组成。

8 内（树）皮：也叫韧皮部，像运输食物的管道，由上而下，将糖从树叶运输到树木的其他部位。

9 树干：支撑树冠，勾勒树形。像管道系统一样，将树根从土壤中汲取的水分、营养物质输送到树叶，同时将树叶制造的糖输送到树枝与树根。

10 形成层：一种不断生长的组织，新细胞不断生长形成树木的年轮，让树干、树枝和树根不断变粗。

11 边材：将水分和矿物质从根部由下而上地运输到树干、树叶以及其他部位的组织。随着树木的生长，边材细胞不断死亡，慢慢形成了心材。边材与心材共同构成木质部。

12 心材：这里没有活的组织，却是树木最坚硬的核心，主要起支撑作用。

13 髓心：位于树干最中央的软组织，随着幼茎的生长而形成，为树苗的生长提供关键营养物质，然后会随着树木的生长而慢慢萎缩。

寻找不同纹理的树皮

纵裂树皮	横纹树皮	刺状树皮	皮孔树皮

将白纸覆盖在树皮上，再用蜡笔描摹，可以拓印出树皮的纹理哦！（注意不要损害树木）

寻找不同形状的树叶

椭圆形	扇形	披针形	掌状

书中还有很多不同形状的树叶，快去大自然中找一找吧。

寻找不同形状的树冠

圆球形	垂枝形	伞形	尖塔形

有注意到"树冠羞避"现象吗？在茂密的树林中，有时相邻的树冠间会形成一个沟状的空白区域，有人认为这是风使得相邻的树冠碰撞、摩擦的结果。书中也画了这一场景，再回过头去看看吧。

糖枫

海岸松

桦木

猴面包树

松果

花旗松

桉树

银杏

苹果树

大叶榕

桉树果

无花果

油橄榄

橡子

美洲白橡

白蜡树

美洲榛

胡桃

山毛榉

柳树

杨树

七叶树

美洲冬青